向上
开创无忧的人生

超訳 カーネギー 道は開ける

【日】弓场隆 编著
于驰 译

浙江人民出版社

图书在版编目（CIP）数据

向上：开创无忧的人生 /（日）弓场隆编著；于驰译 . -- 杭州：浙江人民出版社，2021.10
ISBN 978-7-213-10225-7

Ⅰ . ①向… Ⅱ . ①弓… ②于… Ⅲ . ①人生哲学一通俗读物 Ⅳ . ① B821-49

中国版本图书馆 CIP 数据核字（2021）第 140761 号

浙 江 省 版 权 局
著作权合同登记章
图字：11-2019-237 号

向上：开创无忧的人生
（日）弓场隆 编著 于驰 译

出版发行：浙江人民出版社（杭州市体育场路347号 邮编 310006）
市场部电话：（0571）85061682 85176516
责任编辑：申屠增群
营销编辑：陈雯怡 赵 娜 陈芊如
责任印务：刘彭年
封面设计：琥珀视觉
电脑制版：北京弘文励志文化传播有限公司
印 刷：杭州丰源印刷有限公司
开 本：787毫米×1092毫米 1/32 印 张：5.5
字 数：40千字 插 页：1
版 次：2021年10月第1版 印 次：2021年10月第1次印刷
书 号：ISBN 978-7-213-10225-7
定 价：48.00元

戴尔·卡耐基

戴尔·卡耐基，美国人际关系学大师。1888年出身于密苏里州的一个农村家庭，在家中排行老二。在卡耐基的童年时代，村里的集会上会有人发表演讲，他曾多次去听。演讲者意气风发、听众如痴如醉的场面让他印象深刻，因而高中时，他加入了辩论社团，学习了许多辩论的技巧。

高中毕业后，卡耐基进入当地一所州立师范大学学习。因为家境贫寒，付不起住宿费，所以他只能住在家里。每天凌晨3点，他就得起床喂猪、挤牛奶，忙完农活后再去学校上学。但他并没有忘记演讲梦，一有时间，他就去河边练习演讲。他的努力终于结出硕果，在大学的对抗辩论赛上，他多次获得压倒性的胜利。因此，一些学生慕名来学习，卡耐基便通过教授演讲方法以贴补家用。

大学毕业后，卡耐基先是在内布拉斯加州的一家通信教育公司做上门推销员，销售教材。后来在一家食品公司做销售员，销售培根和猪油。他在食品公司的销售业绩非常好，经常是他所在片区的销售冠军。

之后，卡耐基想成为一名作家，不料，他四处碰壁。无奈之下，他进入纽约的一所演员培训学校，开始学习演技。随后，他加入了一家马戏团演出公司，去全国各地巡回演出。可当他真正踏上舞台时，却发现这份工作并不适合自己，于是他便放弃了演艺之路。

卡耐基在几乎身无分文的情况下回到纽约，一边销售卡车以维持生计，一边探索未来之路。有一天，卡耐基想起自己在学生时代教别人演讲所获得的好评，于是他在与当地的基督教青年会管理人员沟通后，决定为商务人士开设一个夜间演讲班。学生蜂拥而至，演讲班随即取得巨大成功，据说每周的薪酬能达到 400 美元（相当于现在的 10000 美元）。因此，卡耐基开设了戴尔·卡耐基培训学校，业务范围是包括演讲在内的成人教育。

1922 年，卡耐基 34 岁时，将姓氏“Carnagey”改成“Carnegie”，这是因为他仰慕苏格兰实业家、“钢铁大王”安德鲁·卡耐基。

这一商业策略非常奏效，他在安德鲁·卡耐基建造的一个卡耐基礼堂里，开设了人际关系培训班，并取得了很大的成功。

1936年，48岁的卡耐基出版了《人性的弱点》（又译作《如何赢得友谊及影响他人》），这本书在世界各国已累计销售1500万册。1944年，56岁的卡耐基又出版了《人性的优点》（又译作《如何停止忧虑，开创人生》），此书也成为世界级畅销书。

在个人生活方面，1931年，卡耐基与第一任妻子离婚；1944年，他与一位名为桃乐丝·普莱斯的单身母亲再婚。桃乐丝原本是一名公司职员，也是卡耐基演讲班的学员，后来成为卡耐基的秘书，之后成为其妻子，又成为其商业伙伴。1955年，卡耐基去世，但戴尔·卡耐基培训学校没有停下发展的脚步，现在已成为在100多个国家和地区设立分部，并培养出900多万名优秀人才的超级机构，这得益于桃乐丝独一无二的商业才能。卡耐基与桃乐丝育有一女，名为唐娜·戴尔，现任戴尔·卡耐基联合公司的董事长。

插句题外话，演讲班的学员里有年轻的林登·约翰逊（第36任美国总统）、沃伦·巴菲特（伯克希尔·哈撒韦公司的前任董事长）等。说到巴菲特，他因世界级投资家的名号和极富洞察力的演讲等闻名于世。他在最近的一次采访中提到，“不善言辞的我能够和心爱的女人结婚，得益于向卡耐基求教演讲方法”。

卡耐基与日本的情缘在于他先后三次访日。第一次是

1939年7月，日本观光联盟（现日本国际观光振兴协会）与日本国有铁道（现日本铁路公司，即JR）以促进美国与日本的文化交流为目的，邀请卡耐基访日。卡耐基乘坐蒸汽船到达横滨港后，与外务省代表会面，又在东京的美国人俱乐部举办了以人际关系为主题的讲座，随后，他又参观了热海、岐阜、奈良、京都、伊势、鸟羽、广岛、下关等地。卡耐基的此次日本之行持续了一周，据说，给他留下深刻印象的是伊势神宫和御木本真珠岛。

卡耐基第二次访日是1939年9月，逗留了四天。其间，他参观了镰仓大佛。第三次是1953年7月，卡耐基与日本友人游览了京都。

1955年，67岁的卡耐基在家中去世。他的不朽名作《人性的弱点》和《人性的优点》至今仍影响着世界各地的人。

弓场隆

序　言

35年前，我是纽约最不幸的年轻人之一。我为了维持生计而去当卡车销售员，我很讨厌那份工作但又不得不做。当时，我住的小公寓里到处都是蟑螂，生活压力非常大。我常去附近的廉价小餐馆吃饭，但是店里太脏了，导致我每次都无法好好享受饭菜。

每天的工作结束后，我孤独地回到房间，便开始烦恼。大学时编织的美梦变成了噩梦。我常常问自己：“这就是我的人生吗？这就是我一直期待的生活吗？”那时，我的状态就是，做着厌倦的工作，住在脏兮兮的公寓里，吃着不合口味的饭菜，甚至对未来没有憧憬。

那时，我面对的正是所有年轻人都要面对的问题：如何规划未来？我相信，即使辞掉这份工作也不会造成什么损失，相反，自己可能会收获更多。我对赚大钱没有兴趣，只希望享受人生。于是，我做出了一个决定，现在看来，这个决定彻底改变了我的人生。由此，我在后来的35年间收获了充实且幸福的生活。

我在老家的州立师范大学学习过，也接受过教师训练，所以，我决定依靠从事夜间成人教育工作来维持生活。这样一来，我白天便能够读书、写书了。我很憧憬这种生活方式——活着是为了写书，写书是为了活着。

尽管如此，一开始，我并不清楚夜间成人教育课应该教什么内容。回首大学生涯，自己最擅长的是演讲，于是我便决定将演讲的方法教给别人，毕竟我也曾是通过学习演讲才消除了内心的恐惧和不安，从而鼓起勇气与别人友好相处的。同时，我意识到，要想拥有领导能力就要学会在众人面前准确地发表自己的意见。

我参加了应聘，希望能在哥伦比亚大学和纽约大学的夜间讲座上教别人演讲，但最终未被录用。虽然当时感到有些失落，但我没有失去信心。

而现在，我会感谢他们拒绝了我。在那之后，我在基督教青年会开办夜间讲座。在基督教青年会，大家想学习的不是学问，而是实用性的内容。

这是多么大的挑战啊！来演讲班学习的人希望得到的并不是学分或毕业证，而是能用于会议和待客的出色沟通能力，他们想晋升，为家里多赚点钱。

我的工资是按绩效制发放的，而不是月薪制。一开始，我认为在这种条件下教学对自己非常不利，但后来，我渐渐懂得了如何提高学生的积极性。由于讲座是单次报名制，我必须努力让每节课都充满吸引力，这样才能保证学生下次还想来上课。

这才是我喜欢的工作方式，它令人有所期待。令我惊讶的是，学生们很快便因此拥有了更多自信，并获得了升职、加薪。演讲班取得的成功超出了我的想象。

不久，我意识到，除了演讲，还需要教给学生们处理人际关系的方法。因此，我读了大量的书籍，查阅了大量的资料，以自身的实践经历为基础，呕心沥血地写出了《人性的弱点》一书。

多年以后，我发现，学生们遇到的另一个大问题是如何处理烦恼。他们从事的工作各不相同，各自的烦恼也不同，而且有很多人都不知道该如何处理烦恼。因此，我决定写一本关于如何处理烦恼的书。

但是，即使是在大型图书馆，我也未能找到该类书籍。烦恼是人们生活中的大问题，但令人费解的是，学校竟然没有教学生如何解决烦恼。

我耗时多年写成此书，甚至重读了哲学、思想、心理学等方面的书籍。此外，我还采访了政治界、经济界、体育界等众多领域的名人。除了演讲班里的学生分享的故事之外，我还收到了很多有意义的来信。

通过这些努力，我从人们克服烦恼的方法中获益匪浅。而在此基础上写成的本书，并非学术类书籍，而是实用型的书籍。

法国评论家瓦雷里说："科学就是有效方法的集大成。"本书可以说是有效克服烦恼方法的集大成之著作。

我谨在此声明，本书内容并不是大家闻所未闻的方法，而是很多尚未被广泛用于实践的方法。其实，我们没有必要学习新方法、新理论，因为我们每个人都明白如何拥有精彩的人生。

我们需要做的只是知道方法并付诸实践。

接下来，我们开始解决烦恼的问题吧！

戴尔·卡耐基

目　录

一

在逆境中开辟道路

1

身处逆境亦能收获幸福和品格

北欧有句格言：“北风造就了维京人。”意思是，北风肆虐的严酷环境培养了勇敢的人。身处逆境时，这句话也能鼓励你。

有人说：“想要幸福就必须安逸地生活。”这种观点是不可取的。悲观的人即使在优越的环境中也会觉得自己可怜。

想要收获幸福和美好的品格，就要坚守目标，不惧风暴，不断进取，像维京人那样，在逆境中收获幸福和培养美好品格。

2

在现状中寻找希望

这是一位年轻女士的经验之谈。

“我的丈夫被分配到靠近西部沙漠的美军基地，我也一同前往。但是，丈夫因为训练而很少回家，当地人又不懂英语，没有人跟我聊天。而且，天气炎热，饭菜也不合胃口。所以，我就给家里写信说：‘受不了了，我想回家。’后来父亲给我回了一封简短的信，信中写道：‘两个囚犯从监狱的铁窗向外望，一个人看到的是泥泞的地面，而另一个人看到的却是明亮的星星。’

“我反复读着这段话，并反省自己。我决定寻找当前环境中的亮点。我发现，当我亲切地对待当地人时，他们也会亲切地对待我。同时，我发现研究仙人掌很有趣，正如夕阳之美令人动容。

“其实，这是因为我从心中的监狱里逃出来，看到了明亮的星星。”

3

不懈努力方能开辟道路

匈牙利的伟大剧作家费伦克·莫纳回忆自己年轻时受到的挫折时，说：“我一直以父亲的话为座右铭。以前，我在大学里学习法律，但是因为考试不及格，我非常羞愧，甚至感觉活不下去了。为了逃避现实，我开始借酒消愁。

“有一天，父亲突然来到我的住处。父亲是一位医生，他立刻发现我沉溺于酒精，便当场给我提出了解决方案。父亲对我说，酒精和安眠药是解决不了问题的。在这个世界上，无论遇到什么挫折，有且只有一种灵丹妙药可以奏效，那就是努力。

“一直努力或许很难，但是坚持下去，你迟早会成功。努力就像酒精一样，一旦习惯，就很难戒掉。我这半个世纪以来从未放弃过努力。”

4

别让弱点成为你的软肋

我看的成功者的经历越多，就越坚信，大多数人只有努力克服困难才能成就一番事业。对此，心理学家威廉·詹姆斯表示："弱点总是以意想不到的形式帮助我们。"

弥尔顿失明了，但他写出了优秀的诗篇；贝多芬失聪了，但是他创作出许多名曲；海伦·凯勒背负着三重痛苦，但她作为社会活动家，大放异彩；柴可夫斯基虽然经历了悲惨的婚姻生活，但他谱出了《悲怆交响曲》这一名曲；还有托尔斯泰和陀思妥耶夫斯基，他们虽然都遭遇过不幸，但其佳作名留千古。

这些留名青史的伟人都没有让自己的缺陷或弱点成为软肋，而我们呢？

5

在逆境中反败为胜

提出进化论的科学家达尔文说：“如果我没生病，可能就不会成功。”

达尔文出生于英国，同一天，在肯塔基州的一间小木屋里诞生了一名婴儿，他就是亚伯拉罕·林肯。

实际上，林肯有很多弱点。如果他出生于富裕的家庭，从哈佛大学法学系毕业，过着幸福美满的家庭生活的话，可能就不会在葛底斯堡演说中感动民众，也不会在就任仪式上说出“对任何人不怀恶意，对所有人宽大仁爱”这种经典语录。

6

在现有的条件下竭尽全力生活

奥勒·布尔是挪威伟大的小提琴演奏家。

在巴黎开音乐会时，演奏过程中，他的小提琴断了一根弦。但是，他并没有慌张，而是用剩下的三根弦完成了精彩的演奏，得到了全场观众的喝彩。

我们的人生都有不完美的地方。但是，如果因为不完美就说命运不公平，那么，任何事都无法开始了。所以，最重要的是积极面对一切，开辟新天地。

人生就是如此，成功的人生更是如此。

7

让苦涩的经历发挥积极的作用

我问芝加哥大学校长罗伯特·哈钦斯:“不忧虑的秘诀是什么。”校长回答说:“如果生活扔给你一个柠檬,你就把它做成柠檬水。”这句话的意思是,无论有什么样的辛酸经历,也要尽可能地让它发挥积极作用。

这是伟大的教育家的人生哲学。

愚者只要遇到丝毫不如意的事就轻言放弃,绝望地说“唉,我不行了”,抱怨“这是社会的问题”,感叹“我为什么这么不幸”。

相反,智者即使遭遇不幸,也会保持积极的态度,问自己“从这次不幸中得到了什么教训”,思考如何改变现状,走向成功。

8

勇敢尝试

即使站在绝望的边缘，也应该勇敢地去尝试，其原因有两个：

其一，尝试之后，情况可能变好。

其二，尝试之后，即使情况没有变好，我们的思维方式也会变得积极。用积极的想法取代消极的想法，我们就能发挥创造力，并投入到某一件事中，这样一来，也就无暇顾及以前的烦恼了。

9

化危机为转机

哈里·爱默生·福斯迪克牧师说：“幸福就是克服困难后，享受胜利的喜悦。”

我曾经拜访过这样一位男性。

他现在住在佛罗里达州，他说，接手农场时发现，这里的土地贫瘠，农作物无法生长，当时他非常沮丧。但是，他转而一想，这里杂草丛生，适合响尾蛇生存繁殖。于是，他做出了一个令所有人都惊讶的决定——生产并出售响尾蛇肉罐头。

此后，每年约有两万名游客来响尾蛇农场参观，而且蛇毒被送到研究所用来研制药物，蛇皮被制成女式鞋包，蛇肉罐头被送到世界各地的顾客的餐桌上。

他用自己的智慧克服了困难，当地也改名为“响尾蛇村”。

10

我们都拥有化负为正的能力

奥地利伟大的精神医学家阿尔弗雷德·阿德勒因研究人类潜能而广为人知。

他说："人类具有一种神奇的能力，即'化负为正'的能力。"

11

有效利用自身的弱点

传记作家威廉·博莱索说过这样一段话。

“人的一生中，最重要的不是发挥自身的优点，而是有效利用自身的弱点。有效利用自己的弱点需要智慧，这也是智者与愚者的区别。”

上面这段话是博莱索在列车事故中失去一条腿后说的。

我真希望大家都能知道这段话！

12

抚平事故带来的创伤

多年前，在佐治亚州一家酒店的电梯里，我遇到了一位活泼开朗的男性。他没有双腿，坐在轮椅上。询问之后才知道，他 24 岁时遭遇了车祸，这使他失去了双腿。

当时，他非常沮丧，但后来，他从悲伤中走出来，并爱上了阅读。14 年间，他读了 1400 多本书。他虽然不能走路了，但是人生反而变得充实了。

他笑着说道："喜欢上阅读以后，我拥有了深度思考的能力，价值观也发生了彻底的转变。以前从不关心政治的我，现在对政治非常感兴趣，我交到了政治界的朋友，并成为他们的演讲撰稿人。"

现在，他在佐治亚州州长的职位上大放异彩。

13

发奋学习比获得学位更重要

从事成人教育30年来，我发现很多人都在后悔没能上大学。虽然这些人觉得学历低对自己很不利，但是，有很多成功人士甚至连高中都没上过。

举个例子，有一位成功人士，家境极其贫困，他甚至连小学都没毕业。父亲在他很小的时候便去世了，之后，母亲进工厂工作，回家之后还要做兼职。

他学过演讲，后来步入政坛。他自知没有政治知识储备，所以每天学习16个小时。

这是担任过四届纽约州州长阿尔·史密斯的故事。

阿尔·史密斯用10年的时间自学，并达到了政治学家的水平，最终获得了哈佛大学和哥伦比亚大学名誉博士的称号。

他说："如果我没有每天发奋学习16个小时并坚持10年，就不会有今天的成就。"

14

如果改变不了经济状况，那就改变心态

如果无论如何也无法改善经济状况，就改变自己的心态吧。其实，每个人可能都在为经济状况担忧，我们担心自己不如其他人，其他人也在担心不如有钱人，而有钱人担心不如更有钱的人。

现在的你可能苦于没钱，为经济状况而感到不安。但是，很多人即使处于这种状态也成就了一番事业。

美国历史上，有一些名人的经济状况也曾十分糟糕。你知道吗？华盛顿和林肯去参加总统就任仪式的路费都是向别人借的。

所以，即使我们现在不够富裕也不必过于忧虑和烦恼，请记住罗马哲学家塞涅卡的名言。

“如果你不能对现在的一切感到满足，那么纵使让你拥有全世界，你也不会幸福。”

15

改变不了，那就接受

几年前，我与几个朋友去美国大提顿国家公园旅行，但是我因为开车转错了弯，在公园里迷了路。那里的蚊子多得让人发疯，炎热的天气令人抓狂，这种恶劣的环境，我一刻都不想待，大家都在疯狂地咒骂蚊子。

但是，我的朋友查尔斯没有这样做，而是若无其事地吹着哨子玩。他无法改变所处的环境，便改变了在恶劣环境中的心态，这种懂得不为环境而怨天尤人的心态是值得我们所有人学习的。

16

境遇并不能决定你是否快乐

境遇本身并不能决定我们是否快乐，是我们对境遇的反应决定了我们自己的感受。耶稣曾经说，天堂就在你的内心深处，而地狱也同样如此。

17

我们都拥有惊人的力量

我们都有能力熬过灾难，战胜困难。人们常以为自己做不到，但是我们都拥有惊人的内在力量，只要充分发挥潜能，你就会走出困境，你比自己想象的更强大。

18 接受困难

美国诗人沃尔特·惠特曼有一首诗：

啊，像草木与动物一样，
接受夜晚、风暴、饥饿、嘲笑、意外和拒绝吧！

如果我们抱怨、反抗也无法改变事实的话，唯一的办法就是接受困难，转变心态。

19

与无法避免的事情和解

我曾在密苏里的农场种了许多树，一开始，树木生长速度很快。但是，好景不长，暴风雨来袭，雨雪裹住了树枝的新芽，甚至结成了厚厚的冰。树木并没有温顺地向暴风雨低头，而是硬生生地往上生长，结果，树枝被冰雪压断了。

而加拿大的森林里，云杉和松树面临暴风雪时，懂得弯下树枝迎接雨雪的洗礼，生长得十分旺盛，而冰雪在树枝上的景观成为北方森林一道独特的风景。这是树枝与暴风雪和解的结果。

20

过去的就让它过去

为什么要白费眼泪呢？我们会犯错误，会做傻事，但是那又怎样？大家都是这样的，就连拿破仑都曾在三分之一的关键战役中失败，更何况我们这些普通人呢？

21

爱上逆境

哲学家尼采认为，优秀的人“不仅要学会在逆境中忍耐，还要学会爱上逆境”。林肯经历艰难困苦，成为美国的总统，他在第二次就职典礼演说上说过这样一句话：“对任何人不存怨恨，对所有人报以仁爱之心。”

二

专注工作，消除烦恼

22

处理眼前的事物

1871年春，一位年轻人在阅读一本书时，看到了影响他一生的话。那时，他还是加拿大蒙特利尔综合医院的实习医生，他担忧考试能否及格，对未来充满迷茫。

这位年轻医生受到之前看到的话的激励，多年间刻苦钻研，最终，他成为英国牛津大学医学院的教授。同时，他也获得了许多成就，还被英国国王授予了爵士的称号。

他就是威廉·奥斯勒，他在1871年看到的那句话是英国评论家托马斯·卡莱尔的名言。

“我们的首要之务，并非遥望模糊的远方，而是处理眼前的事物。”

23

尽力做好今天的事

近代医学之父——威廉·奥斯勒医生在给耶鲁大学的学生讲课时曾说："不要为昨天而烦恼，也不要为明天而忧虑。不要把宝贵的精力浪费在担心昨天和明天，只要尽力做好今天的事就可以了。不过，这并不意味着不用为明天做准备。尽力做好今天的事就是为明天做准备。"

他在演讲中也曾说过："我现在取得的成绩的最大原因就在于，我会尽力解决当天的事情，之后就顺其自然吧。"

24

时刻整理

有些人的办公桌上堆满了各种材料，光是看着就让人觉得压抑。如果他们能够收拾一下，只留下重要资料，说不定工作就能顺畅得多，这也是提高工作效率的第一步。

25

干净利落地处理事情

精神病医生威廉·萨德勒给我讲述了一个案例。

萨德勒医生说："与一位男性患者谈话时，医院打来一通电话，让我决定某件事，我不喜欢拖延，考虑了一会儿之后，立刻给出了结论。不久，又有同事过来与我商量关于某位重症患者治疗的问题，我也立刻提出了解决方案。

"连续处理了两件事之后，我向这位男性患者道歉，但是，他表情已经明朗了起来：'不必道歉，这短短的10分钟，你让我明白了自己的问题所在，我必须立刻改变工作习惯。'"

26

制订计划

查理·洛克曼经过一步步的努力，从12年前的身无分文到成为大公司的老板，拥有亿万身家。他说："我长年坚持每天早上5点起床。对我来说，早上是头脑最清醒的时间，更容易制订计划。"

美国最成功的保险营销员之一——弗兰克·贝特格会在前一天晚上制订好第二天的计划。

我相信，提前制订计划比毫无计划更有效率。

27

果断地做决定

H. P. 豪厄尔成为全美最大钢铁生产商——美国钢铁公司的董事成员时发现，在董事会议上，大家很少做决定，经常把议题带回家。

于是，豪厄尔说服其他成员，不管遇到什么议题都尽量当场做决定。结果就形成了一个不成文的规定，那就是，在董事会议上必须做出决定，只有做完一个议题的决定后方可讨论下一个议题。这样一来，有效减少了董事成员将议题带回家的现象，大家得以从残留议题的压力中解脱。

这个规定不仅对美国钢铁公司的董事成员有益，而且值得所有人学习、借鉴。

28

适当地把问题交给别人

许多在商界打拼的人因为无法将问题交给别人，事无巨细地处理工作上的问题而心力交瘁。但是，你要知道，人会因为不安、操劳过度而身心俱损。

将问题交给别人解决着实困难，如果别人因此犯了错，你的境况将变得更糟糕。但是，作为领导，适当地放手，将问题交给别人解决是非常有必要的。

29

找到让自己乐在其中的工作

亨利·爱默森·福斯迪克牧师曾经说过："选择工作时我们都是赌徒，因为我们要赌上人生。"

那么，如何才能降低"赌博"失败的风险呢？

那就是找一份自己喜欢的工作。企业家大卫·古德里奇曾经说过："如果工作能使你开心，你就可以长时间忘我地工作，你会感觉工作像娱乐一样轻松。"

爱迪生说："我一辈子没有工作过一天，我每天都在实验室里玩耍。"他平均每天工作18个小时却丝毫没有压力，就是因为他能乐在其中。

30

找到理想的工作是一种幸福

埃德娜·克尔曾担任美国杜邦公司的人事经理，她面试过数千人。她说："我认为很多年轻人最大的悲剧就是根本不知道自己想做什么。没有比只为拿到报酬而工作的人更惨的了。"

大多数优秀的年轻人怀揣着彩色的梦步入社会，到了中年却满腹牢骚，甚至因此患上神经衰弱等疾病。

这个世界上不幸的人中，很多是因为选错了工作而每天闷闷不乐。

伟大的精神科医生威廉·孟尼格尔说过："从事自己不感兴趣的工作；总是感觉不到归属感；自我评价很低；才华得不到施展。以上任何一项都有可能让你罹患精神疾病。"

实际上，找到适合自己的工作对健康是十分有益的。美国约翰·霍普金斯大学医学院的雷蒙德·佩尔医师说："长寿的最大秘诀就是找到适合自己的工作。"英国评论家托马斯·卡莱尔说："一个人如果能够找到理想的工作，将无比幸福。"

31

自己做职业规划

我想对年轻人说，即使遭到家人反对，“也不要只依靠家人的要求决定自己的职业”。

菲尔·约翰逊的父亲经营洗衣店，父亲希望儿子能够继承家业。但是，菲尔并不喜欢洗衣店的工作，更无法倾注热情。父亲看到儿子没有干劲儿，感到失望。

有一天，菲尔跟父亲说：“我决定当一名修理工，我要去机械厂工作。”菲尔在工厂工作时比在洗衣店认真得多，也不抗拒长时间劳动，反而非常享受。菲尔努力学习发动机方面的知识，后来，他设计出高性能飞机，最终成为波音公司的董事长。

父母的意见可以参考、借鉴，毕竟他们见多识广，人生阅历更丰富。但是，最后还是要自己做决定，因为工作开不开心是你自己的事。

32

选择职业时，事先咨询从业人员

如果你想成为建筑师，那就去咨询建筑师。如果你一个人不好意思去，可以找朋友或亲人一起去。

相信对方会很乐意与你们谈话，年长的人通常喜欢给年轻人提建议。选择职业是人生大事，现在不拿出时间好好咨询，可能会后悔一辈子。

33

适合自己的职业不只一种

理想职业不只有一种，大家都有可能在自己从事的职业以外的领域取得成功，当然，也可能会失败。而成功和失败的概率会影响你的职业选择。

34

投入到工作中

如果我们能够投入到工作中，可能收获的幸福就会翻倍。因为我们醒着的时候，一半的时间都花费在工作上，如果在工作中找不到乐趣，很难在其他事情上获得幸福。

专注地工作会使我们忘掉烦心事。从长远的角度看，在工作上你会升职加薪。即使不能升职加薪，也能将身心疲劳控制在最低限度，让自己最大程度地享受闲暇时光。

35

即使是讨厌的工作也要注入热情

H. V. 卡滕伯恩虽然在上门推销领域取得很大成功，但是，他以前十分讨厌这份工作。他是如何成功地将其变为自己最喜欢的冒险的呢？他说："如果你想生存下去，就必须做下去。既然要做下去，那么，你不享受它就是最大的损失。每次走到顾客家门口，准备按门铃时，我就把自己想象成聚光灯下的演员，便像站在舞台上一样兴奋，工作也会更有趣。"

36

将无聊的工作变有趣

多年前，哈伦·霍华德做出了一个改变他一生的决定——将无聊的工作变得有趣。霍华德在午休时间和放学后会去高中食堂打工，工作很无聊，只是单纯地盛冰激凌，但他必须打这份工来赚取生活费。于是他开始研究冰激凌的制作方法。之后，他进入大学，选择了食品化学专业。他参加了面向全美大学生的有奖论文比赛，题目为《可可与巧克力的应用》，结果，哈伦·霍华德获得优胜奖并得到了一百美元的奖金。

当时，工作机会很少。他就在自己家的地下室建立了研究所，负责多家乳制品公司的牛奶检测工作。因为业务繁忙，他还聘请了两名助手。

未来，霍华德的发展会如何呢？他应该会在食品化学方面取得很大成功吧？相反，从他那里买冰激凌的同学可能会面临失业，抱怨政府没有提供工作机会。

如果霍华德当时没有下决心把无聊的工作变得有趣，可能也不会有很大的成就。

37

与别人比赛，让工作变得有趣

以前有一位名叫山姆的年轻人，他很讨厌在工厂生产螺丝钉的工作。他本想辞职，但又担心找不到其他的工作，只得做下去。

后来，他下决心要将这份无聊的工作变得有趣。所以，他与旁边的机械工展开了比赛，看谁生产的螺丝钉更多。厂长看到山姆的行为，甚为感动，不久便给他升了职。

这成为山姆节节高升的契机，30年后，山姆和塞穆尔·沃克莱成为鲍尔温机车制造公司的董事长。如果山姆当初没有费心思将无聊的工作变有趣，他可能一辈子都只是一名机械工。

38

工作效率降低的真正原因

哥伦比亚大学爱德华·李·桑代克博士以学生为对象，进行了疲劳实验，得出的结论为“无聊是造成工作效率降低的真正原因”。

39

快乐工作就不易感到疲惫

在剧场看音乐喜剧时，我对其中一句台词特别感兴趣：“一个人能够快乐地工作是何等幸运”。

为什么说这样的人是幸运的呢？因为他们很快乐，烦心事少，因此也就更有活力、更幸福，很少感到疲劳。

40

与自己竞争

石油公司的一位事务员，每天的工作就是填写文件。因为太没意思，所以她想把工作变得有趣。于是，她决定每天与之前的自己竞争。每天上午，她会数一下自己填写完毕的文件，下午努力超过这个记录。最后再数一下当天的总数，第二天再努力超过前一天的记录。这样一来，她完成的文件数量就比其他事务员多。

她虽然没有升职和加薪，但让自己免于陷入无聊。

41

享受工作

一位女士给我讲了一段她的亲身经历。

她们公司共有4名事务员，她们每天的任务就是录入书信。有一天，上司让她重新录入一篇很长的信。她很排斥这种重复性工作，就说："这根本不需要重新录入，把原来的简单修改一下就可以了。"

上司说："那就换别人来做吧。"

她听了虽然很生气，但同时也意识到自己的工作是能够被很多人代替的。这让她有了一种危机感。于是她决定在工作上好好表现，尽量试着享受这份工作。

慢慢地她发现，享受工作不但能让自己感到快乐，还能提高工作效率，也不需要经常加班了。后来，她的工作表现还得到上司的高度评价，她被提拔为了上司的秘书。

享受工作不单能够获得成就感，还能改变人生。

42

埋头工作，让自己忙起来

一个人如果有烦心事，最好的解决方法就是让自己忙起来。什么都不做，一直郁郁寡欢的话，只会越来越消沉。

纽约有一位水果销售公司的财务负责人，曾经遭遇了因为客户公司的问题造成自己公司营业额下滑甚至面临破产的情况。虽然后来问题得到解决，公司业绩也得以改善，可是这并未让他战胜忧虑，因为他已经习惯了忧虑。

他说："当时，我差点就崩溃了。但是，我通过改变生活方式治好了失眠和忧虑。我让自己忙碌起来，没有时间胡思乱想。以前我每天工作 8 小时，在那之后我每天工作 15 个小时。每天工作到半夜，累得回家之后沾床就睡。

"这种生活方式大约持续了 3 个月，我不再忧虑，便把工作时间恢复到 8 小时。这虽然是 18 年前的事，但我再也没有为失眠和忧虑而困扰了。"

43

工作是良药

诗人亨利·朗费罗的妻子在火灾中去世，之后，亨利心情非常低落，但是，他必须得照顾孩子。他既当爹又当妈，带孩子们散步，给他们讲故事，与他们做游戏，每天都很忙。慢慢地，他从悲伤中走了出来，在忙碌中恢复了内心的平静。此外，他还翻译了但丁的诗集。

有一位女性因为儿子被送上战场，非常担心。为了让自己忙碌起来，她辞掉保姆，去百货商店当店员。她说："这个方法非常奏效。我每天都要接待顾客，非常忙碌，回家之后吃完晚饭就睡觉，那时忙到根本没有时间担心。"

我们专注于工作时，内心就能恢复平静，工作是治愈忧虑的良药。

44

明确目标

理查德·伊夫林·伯德少将探险广阔的南极大陆时，曾经有 5 个月被困在积雪覆盖的小屋里。当时，条件非常恶劣，白天与夜晚一样黑，他几乎要冻僵了。为了保持正常的精神状态，他每天都会制订第二天的计划，用一个小时来修建避难隧道，用一个小时来清雪，用一个小时来整理汽油桶，用两个小时来修理雪橇，等等。

他回忆起那段时光时说道：“如果没有明确的目标，生活就会崩溃。”我们应该牢记这句话。

45

采取建设性行动解决问题

穆勒公司的厂长吉姆·伯索尔回顾年少时光时说："17年前，我在士官学校时极度忧虑。当时的情况很糟糕，我担心物理考试不及格会被退学，担心健康出现问题，担心因为没钱而无法约女孩出去，等等。

"我去咨询士官学校的杜克·拜尔德教授。教授建议：'你要把时间和精力放在解决问题上，这样，烦心事自然就会消失。你要记住，忧虑是后天养成的坏习惯。'教授又说，'治疗忧虑的方法是，看透问题的本质，找出问题的原因，采取建设性行动解决问题。'

"自此，我不再抱怨'学物理没有用'，而是努力通过考试；不再担心没钱，而是努力打工挣钱；不再担心女朋友被别人抢走，而是跟她约会并求婚，现在她成了我的妻子。通过查找问题的原因，采取建设性行动克服了忧虑。"

46

从人生的谷底爬上来的秘诀

小说家荷马·克洛伊这样回顾自己从人生的谷底爬上来的经历。

他说：“曾经有一段时间，对于房地产行业一窍不通的我把房子拿去抵押，四处收购土地。我开始骄傲自大，但好景不长，房地产价格暴跌，于是，我落得身无分文。那时，我经常忧虑得失眠，半夜起来就在外面徘徊，直到累了才进屋。

“后来，我就想‘既然现在已经跌到人生的谷底，那就只能向上看了’，我发誓，‘不管过去的辉煌，从头再来’。我把全部精力都投入到工作中，后来，境况得以好转。我现在非常感谢当时的经历。”

47

忙碌到没有时间忧虑

“没有时间忧虑”，温斯顿·丘吉尔曾经说过这样的话。战争激烈的那些日子，他每天都要工作18小时。有人问他，背负着国家的重任是否让他感到忧虑，他这样回答：“我太忙了，哪有时间忧虑？”

48

利用好空闲时间

我们在闲下来的时候，内心会处于“真空状态”，这时，各种杂念就会蜂拥而至。消极情绪有很强大的力量，恐惧、憎恨、嫉妒等会将平和的心境摧毁。所以，在空闲的时候，要试着培养自己的兴趣，而不是让自己胡思乱想，担心未来，琢磨上司的话，忧心会不会得病。

三

积极为他人服务

49

讴歌人生

美国西雅图的弗兰克·禄普博士因为痛风在病床上躺了20多年。尽管如此，当地报纸的记者却称赞他："禄普博士是我见过的最具有奉献精神、能热情讴歌人生的人。"

卧床不起的病人是如何讴歌人生的呢?

禄普博士找到其他病人的名字和地址，写信鼓励并支持他们。他又设立了专为病人写信的俱乐部，大家可以互相寄信，之后，俱乐部逐渐发展成全国性组织。他每年都会写1400多封信。

禄普博士和别人最大的不同就是，他努力奉献他人，热情讴歌人生。

50

发光发热，贡献社会

英国作家萧伯纳说：“我们不能只以自我为中心，天天抱怨社会没给予我们幸福。人生真正的目标是成为一个发光发热、贡献社会的人。我坚信自己是以贡献社会为使命，有生之年将全力以赴。

“人生不是一支短暂的蜡烛，而是燃烧的火把。所以，在我将火把交给下一代之前，我会努力让它一直闪耀。”

51

给别人带去快乐

奥地利伟大的精神病学家阿尔弗雷德·阿德勒针对抑郁症患者说过一句非常惊人的话："如果每天思考着如何让周围的人快乐，抑郁症可能两周就能痊愈。"

一个人如果困在自己的世界里的话，精神状况可能就会出现问题。一个人如果一直不关心周围的人，他可能会经历人生最大的困难。

阿德勒表示："对于一个人来说最重要的事情就是乐善好施。"所谓善行就是给别人带去快乐。

如果我们努力给周围的人带去快乐，就不会一直考虑自己的事情。这样一来，就能忘掉烦恼，克服抑郁症。

52

让奉献他人成为人生乐事

英国剑桥大学古典学学者阿尔弗雷德·豪斯曼教授说过这样一段话。

“一个人如果只考虑自己，他的一生中就不会得到很多，甚至过得非常悲惨。反而，如果忘我地奉献，就会发现人生的喜悦。”

53

努力帮助他人

美国的无神论代表者西奥多·德莱塞说："一个人如果想收获人生的喜悦，就要制订出让世界变好的计划，这不仅是为了自己，也是为了他人。因为喜悦需要大家一起分享。"

一个人如果想忘掉烦心事，恢复平静，就要暂时忘掉自己，考虑一下帮助他人。

54

努力帮助不幸的人

精神病学家卡尔·荣格说："我的患者里，约三分之一的人的诊断结果不是患有精神疾病，而只是他们的生活过于空虚。"

有位年轻女性失去丈夫后，悲痛欲绝。

她说："这么多年来，我从未自己一个人过过圣诞节。朋友虽然邀请我一起过，但我没有心情。我本以为走在回家的路上能消散忧郁的心情，可是当我走在纽约拥挤的人群中，看到那么多幸福的情侣，我便更加悲伤。

"天黑了，我路过一座教堂的门前时，听到了《平安夜》的旋律。走进去后，我看到两个孤儿，他们比我惨多了，我想着要为他们做点什么。于是我带他们去吃饭，送他们礼物。之后我的孤独感竟然奇迹般地消失了，反而感觉到幸福。

"从这件事中，我学到了只有努力让他人幸福，自己才会幸福。我倾注爱心帮助他人，成功克服了忧虑，从悲伤中走了出来。"

55

帮助他人，摆脱欺凌

有一位小男孩，上小学后被其他孩子欺负，回家后总是哭。他的养父对他说：“你要记住，当场甩手离去比生气吵架更潇洒。”

他说：“有一天，我在学校炫耀我的帽子。一个大块头的女生把我的帽子拿去，往里面灌水，我在学校里忍住没哭，回到家却哭了。养母教导我，要努力学习然后帮助其他孩子，这样就能摆脱被欺负的厄运。于是，我努力学习，取得第一名，并帮助其他孩子学习。因为要帮助其他人，我几乎没什么烦心事，在学校也不受欺负了。”

56

以诚相待

生活中，我们总是在与别人相遇。

如果你想让自己的生活更美好，那就亲切地对待所有遇见的人吧！

这样，你能得到幸福感和满足感。换句话说，善待他人不是义务，而是为了让自己得到喜悦。本杰明·富兰克林表示：“善待他人能给自己带来幸福。”

57

学会倾听

一位曾经患有忧虑症的不幸的女性，后来却被多位男性求婚。这位女性现在已经子孙满堂，享受天伦之乐了。

她跟我说："我少女时代的悲剧就是家境贫寒。我经常感到悲伤，在被窝里哭泣。

"和别人约会时，我会让对方讲一下对未来的计划和想法。我这样做的初衷是不想让他们关注我贫寒的出身。

"我对他们的讲话内容非常感兴趣，经常听到忘我。并且，我听他们讲话，他们也很开心。所以我逐渐受到大家的欢迎，有三位男士向我求婚。"

58

关心他人

时刻关心他人，可以忘掉自身的烦恼，快乐生活。耶鲁大学文学部的威廉·菲尔普斯教授说过这样的话。

“我每次去理发店和餐馆时，会关心那里的工作人员。比如，我会问理发店店长‘站这么长时间累不累？’‘到现在为止为多少人理过头发了？’等。他们也会开心地和我交谈。某个晴朗的夏日，我对餐车服务生说：‘厨房里这么热，你一定很辛苦吧！’他高兴地回答我：‘别的客人都让我快点上菜或者抱怨菜价高，您是第一个这样关心我的客人。’看到他的笑脸，我也感觉很幸福。”

关心他人不仅会让对方感到幸福，自己也会变得幸福。

59

心怀感恩

英国评论家塞缪尔·约翰逊说："感恩是完美教养的产物。"但是，这个世界上并不是所有人都拥有感恩的心。

塞缪尔·莱博维茨律师努力为委托人辩护，曾让78人免于死刑，可是这些人中没有一人向他表示过感谢。

安德鲁·卡耐基给自己的一位亲戚留下了百万美元的遗产。可是安德鲁·卡耐基九泉之下肯定没有想到自己却被那位亲戚破口大骂。那位亲戚咒骂安德鲁："这个老头生前捐给慈善机构三亿多美元，却只给我这个亲戚留下几百万美元。"

心怀感恩是一种礼仪，也是一种品德。

60

不求回报地付出爱

一个人想要被爱的方法是不求回报地付出爱。

我的父母就是这样的人。他们非常贫困，却乐于助人。每年他们都会给孤儿院捐钱，虽然没有得到孤儿院的任何回报，但是他们得到了帮助别人之后的喜悦之情。

61

教导孩子感恩

莎士比亚作品中的李尔王感叹说：“孩子如果忘恩负义，那感觉比被毒蛇咬了还难受。”

请你一定要记住，孩子“人小耳朵尖”，你在孩子面前说的悄悄话，他们都听得仔仔细细。一定要控制住自己，不要在孩子面前诋毁他人。感恩是教养的结果，请一定教育子女要知恩图报，而不是忘恩负义。

62

孩子是父母的镜子

我们必须要铭记“孩子是父母的镜子”这句名言。我年幼的时候就发现，姑母经常把自己的母亲接到家里，细心照顾，对婆婆也是一样。我闭上眼睛，大脑便浮现出两位老人在姑母家的火炉前开心聊天的情景。

现在，姑父去世了，5个成家的孩子都会把姑母接到自己家里照顾。与其说这是对母亲的感恩之情，不如说这是一种无偿的爱。孩子们耳濡目染母亲对老人的关爱，他们从母亲身上学到了感恩。

63

不要记仇

美国密尔沃基警察局的公告有这样一段话：“如果有人自私地占你的便宜，你就与他断交，但是，不要去报复他。当你一心想要报复时，你对自己的伤害就比别人对你造成的伤害更深。”

64

日行一善

阿尔弗雷德·阿德勒曾在书中劝人日行一善，这一点能给人带来很大的改变。因为给别人带去快乐能够让我们不再总是想着自己，而忧虑、恐惧等消极想法正是由于过度关注自我而产生的。

四

改变内心的想法

SNOW

65

把问题交给时间

从事市场分析工作的路易斯·蒙坦特回首过去时说："我因为忧虑症丢失了十年的人生时光。18 岁到 28 岁的十年是我人生中最年轻、最美好的时光。我痛感这些损失都是我自己一手造成的。

"我以前总担心工作、健康、家庭等，一直处于焦虑的状态中。八年前的某一天下午，我去拜访一位男士，聊天时，我得知他破产了三次。那些能把别人打垮的事情，他都轻松地扛过来了。

"他的秘诀是，把烦心事详细地写在纸上，放到书桌的抽屉里。两周之后，拿出来读一遍，如果还会烦躁，就在抽屉里再放两周。我非常欣赏他的做法，按照他的方法去做之后，现在几乎没什么烦心事了。"

66

只考虑当下

威廉·伍德牧师跟我说：“多年前，我经常胃疼，甚至半夜都会疼醒。我父亲死于胃癌，所以我担心自己也得了胃癌。我到医院检查，检查结果显示，我的胃疼是精神原因引起的。那时，我工作压力巨大，但是，我只能听从医生的建议，每周休息一天。另外，我还发现，妻子总是只洗当天的餐具，这件事让我深受启发，于是，我也让自己只考虑当天的事情，不为前一天和第二天的事情烦恼。就这样，我的心情变好了，竟然也不会胃疼了。”

67

转移注意力

职业会计师戴尔·休斯这样回顾自己被忧虑折磨的日子。

他说："我在训练过程中从高处掉下来，肋骨断了三根，被送到退役军人医院。三个多月后，传来了我人生中最大的噩耗，主治医师说我基本没有好转。我想了想，可能是自己过度担心导致恢复速度极慢。一想到以前精力充沛的自己，现在只能躺在病床上看天花板，我就非常忧虑，每天都被不安围绕着，担心自己一辈子残疾。

"后来有一天，我拜托主治医师让我参加隔壁的'乡村俱乐部'。我开始从扑克牌、绘画、雕刻、读书中获得乐趣。又过了三个月，主治医师惊讶地对我说，'你恢复得特别快'，我开心极了。我转移了注意力，停止了忧虑，变得非常健康。"

68

试着放松一下

保罗·桑普森的工作是直邮广告制作，回首过去时，他说："直到半年前，我的生活节奏都非常快。我总是慌慌张张，一点儿都不沉稳。每天晚上回到家，我都感到精神疲惫。

"在这种状态下，我去精神科医生那里看病，医生让我学会放松，并对我说，'如果不试着放松，就相当于勒着自己的脖子'。

"自那以来，我试着放松，睡觉之前调整呼吸，并将心态调整平和。一觉醒来，我的状态特别好，不像以前，早上起来时都感觉特别累。我从精神疲劳和烦心事中得到解脱，生活也变得愉快了。"

69

立即解决必须要做的事情

凯瑟琳·法默是亚拉巴马州莫比尔郡的治安官代理，她说：“我的最大收获就是认识到要今日事今日毕，以轻松的心态迎接明天。此外，我会问自己可能发生的最坏结果是什么，为改善这一结果自己能做什么，如果改变不了那就学会接受。我每天都这么做，最终放下了心中的重担。”

70

千万不要赌博

赌博是导致忧虑的一大要因。很久以前我就惊讶于有人会想靠赛马、老虎机赚钱。一位做老虎机生意的人说：“我很看不起那些梦想着战胜游戏机的愚蠢之人，这些游戏机可是有猫腻的啊。”

我还认识一位有名的赛马预言家，他是我成人教育班的学生。他断言说：“不管怎么研究赛马，你都不会赢的。”这位预言家还讽刺地说：“如果想把敌人逼上绝路，最有效的方法就是让他赛马。”

数学家已经证明，赛马、老虎机、轮盘赌、扑克牌、桥牌等赌赢的概率非常低。如果把辛辛苦苦赚来的钱砸在赌博上，实在是太愚蠢了。

71

阅读史书

著名经济学家罗杰·巴布森说："如果我陷入抑郁状态，我可以在一个小时内克服它。我的做法就是，走进书房，闭着眼睛在放历史书的书橱中随便拿一本。然后睁开眼睛仔细阅读一个小时。读着读着你就会发现，其实在人类历史上，文明世界时常经历动荡。无论哪段世界史，都充斥着战争、饥饿、贫困和疾病等。你会发现自身所处的环境哪怕再恶劣，也比以前好得多。直视现在的烦恼，你就能够乐观起来。"

原来如此，站在历史的时间轴上看待事物，你会发现，自己的问题在时间长河中只是一些鸡毛蒜皮的小事。

72

鼓励自己

每天说鼓励自己的话会让人觉得肤浅吗？

并不会！这反而是心理健康的表现。罗马皇帝马可·奥里利乌斯曾说：“所谓人生就是创造出自己的想法。”

每天都与自己积极对话，心中就会洋溢着幸福与自信，对自己说感谢的话，会让我们获得前进的勇气。

73

学会转换

奥德威 · 蒂德曾说："忧虑是恶习，克服它有三种方法。"奥德威的方法如下：

① 忙于工作，不让自己陷入不安；

② 转换心情；

③ 只要踏出公司的大门，就不再思考任何工作问题。

作家卡梅隆 · 西普也说："改变想法比吃药更重要。"

74

要意识到自己是幸运的

哈罗德·阿尔伯特以前是课程管理人员，他曾对我说过这样一段话。

他说："我以前总是忧心忡忡，但是，某一个春日里，大街上的一幕让我的忧虑一下子烟消云散。那一幕只有十秒钟，这十秒钟里，我顿悟了十年都没有领悟到的道理。那时，因为经济大萧条，我经营的食品公司倒闭了，我不仅赔光了所有的积蓄，还负债累累。我失去了活下去的希望，沮丧地走在大街上。

"就在这时，我遇到一位失去双脚、拄着丁字拐的男人。他看到我时便笑着向我致意。我看到他的样子，才意识到自己是如此幸运。我决定鼓起勇气找工作，从头再来。"

哈罗德·阿尔伯特最终获得了巨大的成功。

75

只要还有吃有喝就不要抱怨

著名飞行员埃迪·里肯巴克的战机在战争中被击落，他一个人在太平洋上漂了21天。

我问他："你从那段经历中学到了什么？"

他回答："只要还有吃有喝就不要抱怨。"

英国国家教会的正门上有这样一行标语："想想自己平时受到的恩惠，并对其表示感谢。"现在，想一想自己应该感恩的事情，对自己受到的恩惠表示感谢吧！

76

只关注顺利的那部分事

有时候，我们需要停下来问问自己：“我到底在担忧什么呢？”

大多数情况下，我们人生中 90% 的事情都在顺利进行，只有 10% 的事情不遂人意。如果你想每天都过得快乐，只要关注这 90% 的顺利之事而忽略那 10% 的不顺即可。

77

保持乐观的心态

乔纳森·斯威夫特因《格列佛游记》而广为人知，他大概是英国文学史上最悲观的作家。他为自己活在世上而感到悲哀，所以每年生日都会穿上黑衣服并绝食。

可是，后来他发现，保持开朗乐观的心态能够使人健康。所以，他给后世留下这样一句话：“这个世界上最好的医生就是健康的饮食和乐观的心态。”

我们只要保持开朗乐观的心态，就能享受人生中无尽的乐事。

78

关注自己拥有的一切

德国哲学家叔本华指出，人类经常忽视自身拥有的东西，而一直关注自身没有的东西。

正是这一心态导致了世界上许多悲剧的发生。这一心态让很多人陷入悲惨的生活，其破坏力不亚于战争或疾病。

79

解决烦心事的方法

中国文学家林语堂曾说："思想上的真正平和源自接受最坏的情况。"事实确实如此。

"空调之父"威利斯·开利说："我年轻时曾遭遇重大失败，那段时间，我每天忧虑得睡不着觉。因此，我便思考克服忧虑的有效方法。方法其实很简单，相信每个人都能做到，它分为以下三步：第一步，预测可能出现的最坏结果；第二步，做好接受最坏结果的心理准备；第三步，想方设法改善最坏的结果。

"无论遇到多大的失败，我们都要预测最坏的结果，并做好心理准备接受这一结果。在此基础上，想出改善最坏结果的方法并付诸实践。这样我们就能恢复平静。"

80

关注事物好的一面

英国文学家塞缪尔·约翰逊说过这样的话："关注事物好的一面，你会有意想不到的收获。"

约翰逊不是天生的幸运儿，他在不安、贫困与饥饿中度过了 20 多年，一步步努力奋斗，最终成为"文坛泰斗"。

81

人生应该追求的目标

评论家罗根·史密斯说过：“人生应该追求两个目标，第一个是得到想要的东西，第二个是充分享受它。只有聪明人才能实现第二个目标。”

82

积极面对生活

多年前我认识了一位名叫露西尔·布莱克的女性，她给我讲了下面的故事。

她说："以前，我每天都过得很匆忙。除了在大学学习，还在演讲班教课，晚上还要参加晚会。

"有一天，我终于病倒了，医生让我在床上休养一年。当时我担心得每天以泪洗面。可是朋友对我说，不要以为在床上躺一年是什么悲剧，这是重新审视自己的机会。我决定积极乐观地生活。之后的每一天，我都活在感谢之中。我感谢拥有可爱的女儿、有读书的时间、能够听喜欢的音乐、可以品尝到美食……就这样，我恢复了健康。十年过去了，现在想来，在床上度过的那一年是非常宝贵的时光。"

83

相由心生

我们身边肯定有这样的人，因为心中有恨，所以看起来凶神恶煞，面目可憎，嘴歪眼斜。去美容院改善外貌，以让自己更有魅力，得到的效果远不及怀有一颗宽容、温柔、仁爱之心。

84

丢弃憎恨之情

《圣经》中有这样一段内容。

“在充满爱的环境中吃简单的素菜，收获的喜悦远大于在充满憎恨之情的环境中吃奢侈的鱼肉。”

85

谦虚使人成功

我收到一位男士的来信。他为了逃离战火，从奥地利搬到了瑞典。他会说多国语言，所以就开始应聘贸易公司外派员的工作，结果均被拒绝。后来，他收到了一家公司的来信，信中说：“我们不招聘外派员。即使招聘，也不雇用只会写乱七八糟的瑞典语的人。”

他看完信后勃然大怒，马上就写了一封反驳信。可是冷静下来后，他想：“我的瑞典语确实不好，不如就写一封信，感谢对方指出我存在的问题吧！”

他扔掉之前写好的信，重新写了一封感谢信。信的内容是：“感谢您前几天指出我的问题，我将更加努力学习瑞典语。”几天后，他收到公司的面试通知，最终被公司聘用。他用自身经历说明了谦虚使人成功的道理。

86

忘掉敌人

有人问艾森豪威尔司令的儿子：“您父亲恨过别人吗？”他儿子答道：“我父亲不会在不喜欢的人身上浪费一分钟。”

或许我们无法成为关爱敌人的圣人，但至少要学会为了自身健康和幸福忘掉敌人。

87

不要对任何人抱有憎恨之情

加拿大贾斯珀国家公园里，有一座以英国护士艾迪斯·卡维尔命名的美丽山丘。

1915年10月12日，她被德军处以枪决。罪名是在比利时的医院里为英法两国约两百名伤员看病，并帮助他们逃亡到中立国——荷兰。

四年后，她的遗体被运往英国，人们在威斯敏斯特教堂为她举行追悼会。

现在，这位名留青史的女性的塑像矗立在伦敦的国家肖像馆对面，石像下方刻着她的话。

“我们不仅要有爱国之心，而且不要对任何人抱有憎恨之情。”

88

站在对方立场，理解对方

在美国历史上，没有人比林肯受到的责难、憎恨、背叛更多。可是据传记记载，林肯不会根据个人喜好去判断别人，也绝不会因为对方是政敌或者讨厌对方而辞掉他。

林肯受到过自己任命之人的侮辱，可是他也没有因此责备对方。据说，林肯认为“人们的言行举止和他所处的境遇、所受的教育、所拥有的习惯和基因密切相关”。

正如林肯所说，如果你是他，说不定也会做出与他一样的言行举止。所以，我们要站在对方的角度理解对方。

89

思考创造人生

思想家爱默生提出：“人等同于他每日的所思所想。”我们的心理状态决定了我们的命运。

罗马五贤帝之一马可·奥里利乌斯表示：“人生由自己的思想创造。”

积极的想法会带来幸福，消极的想法会带来不幸。如果总想着失败，可能就真的会导致失败。

90

遇到问题也要保持积极的心态

作家洛厄尔·托马斯即使在背负巨额债务时，也保持积极的态度，思考解决问题的对策。他知道如果自己倒下，会给债主以及其他人带去很大的麻烦。因此，他每天早上在上衣里插上鲜花，昂首挺胸，清爽地走在大街上。对他来说，挫折是人生的小插曲，是走向成功的铺路石。

91

心态影响体力

心态对体力的影响很大。英国著名的精神科医生 J. A. 哈德菲尔德讲述了一个真实的案例。

三位男士进行握力测试，普通状态下，他们的握力测试平均值为 46 千克。随后，哈德菲尔德给这三位男士催眠，暗示他们“你很弱”，结果他们的握力测试平均值下降到了 13 千克。

最后，哈德菲尔德又对他们进行“你很强”的心理暗示，他们的握力测试平均值竟然达到了 76 千克，接近普通状态的两倍。

这就是心态的力量。

92

心态左右人生

《圣经》中写道："人类会变成自己心中所想的样子。"《圣经》中还写道："能战胜内心的人，比能攻陷一座城市的人更为坚强。"

虽然海伦·凯勒的视觉和听觉都患有严重障碍，但是她却说："人生非常美好。"她的人生过得丰富多彩，甚至取得了一般人难以超越的成就。

93

清除思想的谬误

古罗马哲学家爱比克泰德说过："比起清除身体上的肿块，我们更需要关注的是清除思想的谬误。"

爱比克泰德是在1900多年前说这句话的，现代医学有力地证实了他的观点。坎比·罗宾逊医生指出，约翰·霍普金斯医院住院患者中，有五分之四的人受到由精神压力引发的病痛的折磨，甚至连器官失调的病例中也多是这种情况。坎比医生还指出，导致这一现象的原因是人们没能处理好生活中遇到的问题。

94

言行积极，心情也会明朗

我想给大家介绍一下法国伟大的思想家蒙田的人生准则。

他说：“造成伤害的并非某件事本身，而是你对于这件事的态度。”

不管发生什么事，我们自己可以决定如何看待它。

哈佛大学教授、伟大的心理学者威廉·詹姆斯表示：“找回快乐的最佳方法是言行积极，说话做事都假装是很快乐的样子。”

这一简单的小技巧其实有着惊人的效果。你们可以试着笑一下、伸个懒腰、深呼吸、哼欢快的歌，等等。如果你们言行积极，那么心情就不会一直低落。

95

燃起斗志

请大家记住著名心理学家威廉·詹姆斯的名言。

他说："很多被我们称为不幸的事往往能够转变成令人振奋的好事，受难者只需要把内心深处的恐惧转变为斗志即可。"

让我们为幸福而战斗吧！

96

不拘泥于小事

我们之所以会为琐事烦恼，是因为我们把这些小事看得太重。

英国政治家本杰明·迪斯雷利说：“拘泥于小事的人生太短暂。”法国作家安德烈·莫罗阿说：“我们的注意力总是不由自主地跑到那些不值一提的小事上。仔细想来，我们最多也就再活几十年。可是即便如此，我们还是会为那些很快就会被忘记的事情烦恼，浪费宝贵的时间。难道我们不应该将人生奉献给崇高的理想、真挚的爱情和有意义的工作吗？”

五

理性看待批判

97

批判是另一种称赞

1929年，一个事件在美国教育界掀起了轩然大波。那就是年轻的罗伯特·哈钦斯当上了芝加哥大学的校长，而当时距罗伯特·哈钦斯从耶鲁大学毕业才8年。年长的教育专家说，他“太年轻”“经验不足”，甚至各界媒体也一起攻击他。

就任仪式当天，一位朋友告诉哈钦斯的父亲：“今天早上，我看到报纸上公然抨击您的儿子，甚为震惊。”他父亲回答道：“批判确实很尖锐，但是没有人会攻击毫无价值的人。”

确实如此，一个人越重要，人们越要攻击他以获得满足感。

98

做好心理准备

南北战争的英雄格兰特将军因为遭到上司们的嫉妒而落得一个凄惨的下场。

如果受到不当批判，就请牢记以下两件事：

① 大多数情况下，不当的批判是另一种称赞。

② 没有人会批判毫无价值的人。

99

做自己认为正确的事情

我咨询美国第一夫人安娜·埃莉诺·罗斯福“如何应对不当批判”时，她说出了令人意外的答案。她说，要频繁接受不当批判。

罗斯福夫人年幼时非常内向，经常担心被别人批评。于是，她向伯母寻求帮助，伯母回答说：“只要你认为自己是正确的，就没有必要在乎别人说什么。”后来她成为第一夫人，也坚持遵从伯母的教诲。

罗斯福夫人给我的建议是：“你只要做自己认为正确的事情就行。因为无论如何，你都无法避免非议，既然如此，就尽管去做吧！”

100

不让批判伤害自己

我问企业家马修·布拉什："您对别人的评价是否在意？"

他回答说："年轻的时候确实在意。后来，我意识到身处高位必然就会受到批判，所以心情豁然开朗。自那以后，我告诉自己，即使受到批判也不必放在心上。"

101

反省自己

法国哲学家法兰索瓦·德·拉罗希福可说过：“别人的意见比自己的意见更接近真实情况。”

当我被别人批判时，我马上就会开启自我防御系统。

每个人都讨厌被批判，喜欢被称赞。这与批判和称赞的内容无关，因为我们不是理性的生物，而是感性的生物。

几乎每个人都认为自己是正确的，但是多年以后，当你回首往事时，可能会觉得以前的自己很滑稽。

102

谦虚地面对批判

如果有人十分准确地指出你的不足，要谦虚地接受，而不是自我辩护。你可以回答：“说实话，我还有很多不足之处。”

当你遇到不当批判而怒火中烧时，一定要告诫自己：冷静。

就连爱因斯坦都说他不能百分之百地保证自己的想法是正确的，或许现在受到的批判是正确的，应该感谢对方并谦虚地反省。

103

即使被骂，也不生气

如果别人骂你是“大笨蛋”，你会怎么办?

斯坦顿陆军长官骂林肯是“大笨蛋”时，林肯并没有生气，而是说：“如果他这样说，那么我肯定是大笨蛋。因为他大多数情况下说的都是对的。我必须停下来好好反省。”

所以，林肯去见斯坦顿，听取他的意见。他欢迎那些真诚的、真实的批判。我们也应该如此。

104

逐个改正自己的缺点

本杰明·富兰克林被称为万能的天才，但是，他每天晚上都会认真反省自己。他发现自己有 13 个致命的缺点，其中有 3 个分别是：浪费时间，为小事烦恼，反驳对方时容易与对方发生争吵。

他明白，如果不改正这些缺点的话很难成功。于是他逐个改正缺点，最后记录下结果。就这样，他花费两年时间改正了自己的缺点。

富兰克林能够成为美国最受爱戴、最具影响力的人物与这一习惯密不可分。

105

自我分析

H. P. 豪厄尔几乎没有接受过正式教育，他从一家小店的店员干起，最后成长为多家大企业的董事。他谈到成功的秘诀时说："长久以来，我都会把每天的工作内容写在记事本上。每个星期六的晚上我都会回顾这一周，进行自我分析。我会问自己'这一周做错了什么？''哪些地方做得好？''如何才能改善？'

"有时候我会对自己的失败感到困惑和羞愧。但是，随着时间的推移，我的失败越来越少。我认为自己成功的最大原因就是长年坚持自我分析。"

106

从自身找失败的原因

造成自己不幸的原因多半都在于自己。

拿破仑下台后被流放到圣赫勒拿岛，他说：“我下台的原因在于自己，不怪任何人。我最大的敌人也是我自己，最终，我自掘坟墓。我悲惨命运的原因在于自己。”

107

明白你的重要性

威尔士亲王尚未成为温莎公爵的时候，就读于英国德文郡的达特茅斯学院。当时，威尔士亲王年仅 14 岁。有一天，军官发现他在哭，便询问原因，他说被几名学员欺负了。军官质问那几名学员为什么要欺负威尔士亲王。学员说，这样以后就能吹嘘自己曾经欺负过国王！

他们这种的想法固然让人不齿，但是，从一个方面讲，越是重要的人，越是受到别人的关注，因此，不要过于纠结别人的批判。

108

一笑置之

蒂姆斯·泰勒在参加过某电台的“周日音乐会”节目后，应邀在纽约爱乐交响乐团的节目间隙发表评论，一位女士写信骂他是骗子、愚蠢的笨蛋。在下周的节目中，泰勒当着听众读了这封来信，他说：“我怀疑她并不关心我究竟说的话，只是想骂我而已。”我敬佩他的从容淡定，以及对待批评一笑置之的勇气和态度。

109

不要随意对别人发火

古罗马斯多葛学派哲学家爱比克泰德说过这样的话。

“我们会收获自己播种的果实。从长远的角度看，所有人都会自食恶果。只有将此铭记在心的人，才不会对人生气、发怒、辱骂、斥责、攻击、抱有敌意。”

110

从批判中学习

一位著名的广播局局长只读批评自己的读者来信，而不读表扬信。他坚信想要获得宝贵的教训，就一定要读批评信。

受到表扬，我们每个人都会高兴。但是，我们只有从批评中学到更多的经验教训，才能更快地成长。

六

走出忧虑

111

过度操心比身体劳累更严重

美国前首席大法官查尔斯·埃文斯·休斯说过：“人类不是因过劳而死，而是因过度操心而死。”

也就是说，人们不会因为工作太多而死亡，而会因为过度操心而崩溃。

112

午休能有效缓解疲劳

美国企业家约翰·洛克菲勒到98岁时身体依然非常健康，作为成功人士，忙碌是必然的，那么他是如何保持健康体魄的呢？他每天都会在办公室午睡30分钟，午睡时，无论多重要的电话他都不接。

丹尼尔·乔斯林博士曾说过："所谓休息不是什么都不做，而是在做缓解疲劳这件事。"即使午睡5分钟也能有效地缓解疲劳，所以不要忽视午休。

113

尽量在身体感到疲劳之前休息

疲劳会导致身体免疫力低下。疲劳还会减弱身体抵抗负面情绪的能力，包括担忧和恐惧等。因此，预防疲劳与防止忧虑症有密切关系。

芝加哥大学临床生理学研究所所长埃德蒙·雅各布森博士长年研究缓解疲劳在临床医学方面的问题，最后他得出的结论是，我们在放松的状态下几乎不存在担忧和恐惧等负面情绪。

因此，预防疲劳和忧虑的第一法则就是频繁休息，放松自我。最有效的方法就是尽可能在身体感到疲劳前就休息。

114

放松一下，消除疲劳

疲劳的主要原因是身心疲倦。

借用一位打字员爱丽丝的例子说明一下。某一天晚上，她非常疲倦地回到家，累到连晚饭都不想吃，只想马上睡觉。母亲劝她好好吃饭，她才勉强地坐到饭桌前。这时，爱丽丝的电话响了，男朋友邀请她去舞会。爱丽丝顿时眼睛放光，跑到房间里，穿上最喜欢的裙子去约会，并一直跳到半夜。

爱丽丝从公司回到家的时候是真的累吗？是的。但是，跳舞让她放松了身心，缓解了疲劳。像爱丽丝这样的人不在少数，可能你也是其中之一。

115

即使睡不着觉也不要忧虑

塞缪尔·昂特是一位有名的律师，他一生都没有睡过好觉。

大学时期，昂特为哮喘和失眠担忧。但是因为总治不好，他索性便不再忧虑，而是充分利用失眠的时间。如果半夜醒了，他就起来学习，最后以优异的成绩从纽约市立大学毕业。

昂特成为律师后也没有摆脱失眠的困扰。但他认为顺其自然就好，并不需要担心。所以，虽然他睡眠时间很少，但是身体很健康。

虽然他一生都没有睡好过觉，但他活到 81 岁，身体一直很健康。如果他一直为失眠担忧的话，恐怕早就搞垮身体了。

116

睡眠时间因人而异

人们一生中平均有大约三分之一的时间在睡眠中度过，但没有人知道我们究竟需要睡几个小时。

美国士兵保罗·卡恩在战争中头部受伤，令人费解的是，他伤病痊愈后，却没办法睡着觉。医生给他开了各种安眠药和镇静剂，可他就是睡不着觉。医生断言："如果一直是这种状态的话，你活不了多久。"然而，多年以后，保罗身体依然十分健康，虽然他仍旧睡不着觉，但会躺着闭目养神。他这种情况打破了人们对睡眠的固有认识。

意大利指挥家托斯卡尼尼每天只睡 5 个小时，库利奇总统每天却要睡 11 个小时。每个人的睡眠时间差异很大，只要顺其自然即可。

117

因运动而重生

著名心理学家亨利·林克博士经常与很多忧郁症患者交谈。有一次，他与一位患者争论得不可开交时，就对那个人说："如果你实在想自杀，就像个英雄一样，在大街上奔跑到死吧。"

那个人试了几次之后，发现每次跑完心情都很好。第三天，那位男性因为太累睡得非常好。后来，他加入运动俱乐部，又参加比赛，身心愉悦，他决定今后也要一直健康地生活下去。

118

让身体放松

大卫·芬克医生提倡："缓解失眠最有效的方法就是让自己的身体放松。"他还指出，语言具有暗示作用。

如果肌肉紧张，精神也会变得紧张。如果想睡得香就先从消除肌肉紧张开始。将枕头放在膝盖下面，放松双腿，在胳膊肘下面各放一个小枕头，放松双臂，然后对下巴、眼睛、胳膊和腿等说"放松一下吧"，不知不觉中你就能睡着。

我尝试过这种方法，非常有效。如果你总失眠，请一定要试试。

119

摆脱痛苦的经历

推销员泰德·埃里克斯说:“我生来就有忧虑症，但多年前的夏天，我终于克服了它。以前，一到夏天，我就去阿拉斯加打鱼。作业的时候，我发现，严苛的劳动条件超出了我的想象。根据潮汐的状况进行作业，每天要工作 20 多个小时，辛苦极了。那时，我全身酸痛，非常难受，休息时也只是铺一层潮湿的垫子。

“不过，正是因为那些极度的痛苦和疲劳治好了我的忧虑症，我非常开心。现在，每当遇到难题时，我便问自己，‘这个难题比渔船经历还痛苦吗？’这样一来，我可以鼓起勇气面对困难。”

120

迅速采取行动

据说事业上大获成功的实业家加仑·利奇菲尔德通过以下四步克服了90%的烦心事。

第一步，明确写出自己的烦心事；

第二步，写出面对目前的状况，自己能够做什么；

第三步，决定自己应该做什么；

第四步，根据决定立即行动。

为什么这种方法行之有效呢？因为它高效、具体，抓住了问题的核心。

总之，当我们遇到烦心事时，一定要做点什么。不采取行动，分析再多也无济于事，这只会浪费时间。

121

克服忧虑的方法

美国职业棒球大联盟的著名教练康尼·马克说："以前我会因为担心比赛的输赢而睡不着觉，现在，我克服了忧虑。"然后他说明了自己克服忧虑症的方法。

① 要明白即使担心也没有用。

② 要明白担心对健康不好。

③ 专注于制订如何打赢比赛的计划，让自己没有时间担心输掉比赛。

④ 即使输掉比赛也不要当场指出选手的问题。等到第二天，自己能心平气和地与选手讲话时再指出。不要在其他选手面前批评某位选手，选手会反感，不配合工作。

⑤ 不要一味地挑选手的错，而要表扬选手，给他们勇气。

⑥ 一旦累了就容易忧虑，所以，每天晚上睡 10 个小时，午睡也要保证。

⑦ 我虽然80多岁了，但为了不让自己忧虑，一直努力工作。

122

无聊容易让人产生疲劳

比起身体状态，疲劳与精神状态关系更密切。

多年以前，约瑟夫·巴马克博士在心理学杂志上发表了厌倦会引起疲劳的实验结果。他让学生做不感兴趣的事情，结果发现，学生们会出现疲劳、犯困、头痛、眼疲劳等情况，有时还会感觉胃不舒服。

这并不是单纯的想象，临床诊断结果显示，无聊时，人体血压降低，氧气消耗量减少。而如果一个人开心地做自己感兴趣的工作时，全身的代谢状况也会得到改善。

我们做感兴趣的工作时很少会觉得无聊。最近我去落基山脉的河里钓鱼，虽然森林中山路险峻，且要赶 8 小时的路程，但是我丝毫不觉得累。而讨厌钓鱼的人会怎样呢？他可能对海拔两千多米的山望而却步了吧？

123

疲劳的真正原因

如果你是脑力劳动者，你疲劳的原因可能不是工作量巨大，而是对于工作未完成的担忧。你应该有过这种经历，工作接二连三地被问题打断，导致没有按照预期顺利进行，回家的时候，你就会感到疲劳。

你可能也有这样的经历。第二天，一切都很顺利，你能够解决比前一天多几倍的工作。这种情况下，回家时心情也会很舒畅。

通过上述事例，我们可以明白，大多数情况下，工作本身不会引起疲劳，引起疲劳的真正原因是工作没有顺利完成时的担心和不安。

124

拳王如何克服忧虑

前世界重量级拳王杰克·登普西为克服忧虑而严格要求自己做到以下三点。

① 为了让自己在比赛时鼓起勇气，他会在心里鼓励自己。例如，“那小子的拳头打在我身上一点儿都不疼。即使被他打了我也要冲上去”。这些积极的想法给了他很大帮助。

② 他会告诫自己，担心起不了任何作用。以前在比赛前经常联想到各种不好的事，晚上便辗转反侧睡不着。后来，他告诫自己，即使担心也没有用，然后把烦心事赶走。

③ 祈祷。他训练时会祈祷很多次，各场比赛间隙也会祈祷。这样会让他鼓起勇气、拥有自信。

125

大脑一次只能思考一件事情

一位军医给很多经历过残酷战争的士兵提出的治疗方法就是“让自己忙碌起来”。

为什么我们忙起来以后就不会忧虑了呢?

心理学的基本法则表示，无论多么优秀的人，他的大脑一次也只能思考一件事。

如果你不相信，你可以闭上眼睛同时思考一下自由女神像和明天的安排。应该做不到吧?我们虽然能够交替着思考这两件事，但是无法同时思考。

情感亦是如此。如果我们的大脑想象开心的事，就没有位置留给忧虑了。

126

走出悲伤的秘诀

英国诗人丁尼生为了从失去挚友阿瑟·哈勒姆的悲伤中走出来，他说：“为了不被绝望打垮，我必须不停地忙碌。”

有一名男性因痛失爱女而过度伤心，晚上睡不着觉。他尝试了医生开的安眠药，也出去旅行过，但都无济于事。

“幸运的是，我有个四岁的儿子，他给出了‘解决方法’。有一天，我坐在椅子上叹气，儿子对我说：‘给我做只船吧。’我当时非常伤心，什么都不想干，但是，儿子一直缠着我。迫于无奈，我才决定给他做一只玩具船。

“我花了三个小时才做完那只船。我突然发现，自己已经很久没有像刚才那样专注在某一件事上了，这竟然让我忙到没有时间叹息。于是我决定让自己忙起来。

“第二天晚上，我把家里检查了一遍，把需要修缮的地方列成表格。之后的两年，我不仅修好了一大半家具，还出去参加市民活动和慈善活动，每天都很忙碌。现在我根本无暇烦恼。”

127

不要沉浸在悲伤中

世界著名探险家奥萨·约翰逊与丈夫一起坐飞机时，发生了坠机事故，她失去了丈夫，自己也受了重伤。医生对她说：“非常遗憾，你今后都要卧床了。”但是，三个月后，她坐着轮椅又开始在观众面前演讲。此后她在轮椅上做了一百多场演讲。

我问她：“为什么这么做？”她回答说：“我只是不想让自己沉浸在悲伤中。”

128

认真反思

推销员约瑟夫·科特回首往事时说：“我年少时忧虑症特别严重，经常担心漏掉重要的事情。两年前，我决定开始新的生活。我弄清了自己忧虑的原因，我担心今天，后悔昨天，还恐惧明天。”纠正想法后，他每天的心情都很舒畅，生活也轻松了许多。

129

克服自卑

美国上院议员埃尔默·托马斯讲述克服自卑的方法时说：“我15岁的时候因为自卑，非常苦恼。我身体瘦弱，不擅长运动，经常被其他少年取笑。我每天都苦恼自己瘦弱的身躯。母亲发现后对我说：‘既然这样，你就靠脑力劳动养活自己吧！’我家条件不好，所以我就在附近的森林里打猎，从而赚取学费上大学。因为我穿得破破烂烂，别的学生看不起我，我就待在屋里学习。

考试合格后，我获得了在小学教书的资格，这让我有了信心。那是我的能力第一次得到认可。我人生的转折点是赢得辩论大赛的事情被刊登在报纸上，当年取笑我的少年们开始称赞我。如果我没有克服自卑，或许就会成为人生的失败者。”

130

克服忧虑的五种方法

耶鲁大学威廉·菲尔普斯教授这样阐释克服忧虑的五种方法。

① 充分燃烧热情，过好每一天。努力过好今天，心情就会痛快。

② 阅读有意义的书。阅读名人传记，想一想他们一波三折的生涯，你就会觉得自己的问题不值一提。

③ 活动身体。心情低落时，活动一下身体，泡泡澡，打打网球、高尔夫，跳跳舞，出点汗，心情会舒畅很多。

④ 放松后再工作。一直忙忙碌碌地工作会劳神伤身，这可不是明智之选。最好彻底放松之后再工作。

⑤ 时间对解决问题很有帮助。时刻提醒自己“两个月后，你就不会担心这个问题了，所以现在担心根本没有必要。”这样心情就会稳定下来。

131

不悲过去，不忧未来

新闻记者桃乐丝·迪克斯回顾自己摆脱痛苦的经历时说：“我从极度贫困和大病中走出来。如果别人问我是怎么挺过来的，我会这样回答：‘既然已经跨过了昨天，就一定能扛过今天，不要考虑明天会发生什么。’

“我经历过不安和绝望，总是过度努力。回首过去，我的人生像是凌乱的战场，我在这战场上满身伤痕。

“可是我并不可怜自己，也不为过去流泪。正因为我走过充满荆棘的人生，才明白很多别人不懂的事。我也可以用眼泪洗净的双眼看透这世界。

“熬过那些苦难，我收获了幽默感。我不抱怨麻烦，而是对其一笑置之，我什么都不怕。”

132

养成运动的习惯

关于克服忧虑的方法，埃迪·伊根说："我认为在因担心某事而郁郁寡欢时，运动一下心情就变好。

"身体疲劳时，可以让大脑暂别工作，休息一下，再回到工作岗位时就会充满活力。

"所以，有烦心事时最好的解决方法就是运动。忧虑的时候多活动肌肉，少活动大脑，会有不错的效果。我认为，运动会使烦心事消失。"

133

认真思考自己的财务问题

某出版社总经理指出：“令我不解的是，很多人在自己的财务方面容易陷入盲目状态。”他还说：“有一位财务负责人，虽然能够很好地管理公司财务，可是对自己的财务管理却很随便。”那位财务负责人从不考虑家里的房租和水电费，工资一到手马上就冲动消费。如果公司的财务状况也这么混乱，估计早就倒闭了。

管理自身财务，就要像经营自身事业一样。考虑财务问题是你自己的工作。

134

学习理财

预算专家埃尔西·斯泰普尔顿作为财务顾问，多年来一直帮助各个阶层的人处理财务问题。

她断言："即使钱增多，大多数人对于经济的不安也不会消失。实际上，即使收入增加，但是只要支出一增加，人们便又随之头疼。这种例子我见过很多，大多数人忧虑的原因不在于没有足够的金钱，而在于不知道如何理财。"

135

记录支出

小说家阿诺德·本涅特开始创作时，生活非常贫困。于是，他每支出 6 便士便记录下来。他非常喜欢这种做法，即使他闻名世界后，仍然保持记账的习惯。

大富豪约翰·洛克菲勒也有记账的习惯。他每晚都会仔细检查支出情况。

我们似乎也有必要记账。不妨花几个小时把支出状况写在纸上，你可能会惊讶地发现：“我竟然把钱花在这上面了？”

136

倾诉烦恼，净化心灵

波士顿诊所的罗斯·希法亭医生指出，减轻烦恼最好的办法之一就是向别人倾诉烦恼。

医生说："我把它称为'心灵的净化'。患者来医院时，我会让他们详细说明自己的烦心事，说完后，他们的心里就会感到痛快。"

我的助手在波士顿诊所看到过这样一个事例。一位女性因为家庭琐事而烦恼，她来医院时表情凝重。等倾诉完烦心事时，她的脸上又浮现出笑容。

她的问题真的解决了吗？当然没有。但是，通过向别人倾诉烦恼，她的心情变好了。

137

随身携带记事本

在记事本上写下能够改善情绪的名言和诗句。心情不好时，拿出记事本来看一下，将忧郁的情绪一扫而光，这样一整天都会是好心情。

在记事本上写下明天的计划。很多人的生活现状是每天被时间追着跑。因此，我们最好每天晚上在记事本上写下第二天的计划。工作进展顺利，我们就会有成就感，也能从压力中脱离出来。

138

处理好人际关系的经验

接受对方的缺点。我听说有一位女性被问道“如果有一天你的丈夫去世了，你会怎么样”时，她非常震惊，开始反省自己曾经对丈夫的指责。然后她列出丈夫的优点，发现了丈夫的魅力。一个人不可能完美无缺，我们要充分认识到这一点。

要和邻居友好相处。据说有一个人觉得自己很特殊，不与邻居好好打招呼，每天都病恹恹的。但自从他和邻居友好相处后，什么烦心事都没了。

139

缓解紧张的方法

我给大家介绍一些可以在家里缓解紧张的方法。这些方法也能有效预防疲劳和衰老。每天做两遍，会很有效果。

①如果感觉累了就躺在床上，舒展全身各个部位。

②闭上眼睛，大喊“阳光灿烂，天空清澈，大自然真美妙，我与宇宙共生”。

③如果没时间躺下，就坐在椅子上，舒展后背，两手垂在大腿上。

④放松双腿的肌肉。

⑤慢慢地深呼吸。这是镇定神经最好的方法。

⑥舒展眉间的皱纹，放松紧张的嘴角。

后 记

本书根据1944年出版的初版《人性的优点》编辑而成，该书是美国心灵大师——戴尔·卡耐基的经典名著。在日本，为大家所熟知的是1984年由卡耐基亲属修订的原著译本。与修订版相比，初版讲述了很多意味深长的故事。

卡耐基著有两本世界级畅销书，分别为《人性的弱点》和《人性的优点》。前者讲述的是建立良好人际关系的方法，后者讲述的是解决烦恼的方法。《人性的优点》可以说是自我启蒙的读本，书中不仅讲述了具体事例，还介绍了伟人和普通人应对烦恼的方法。

如果对卡耐基提倡的解决烦恼的方法进行归纳，大致可以分为以下几种。

1. 不要总是忧虑，要把注意力转移到工作、爱好和家务上，让自己忙碌起来。

2. 我们不要期望别人为我们做什么，而要努力为他人着想，这样才能收获喜悦。

3. 不要考虑事物的阴暗面而让自己变得悲观，要看到事物美好的一面，从而让自己变得乐观。

4. 不要为昨天和明天烦恼，努力过好今天，收获满足。

5. 不要抱怨不公平的境遇，而要感谢自身所拥有的幸福。

我希望本书能够帮助您用积极的态度开创人生。

最后，我想对株式会社 Discover21 的编辑部部长提出这项有意义的企划，以及藤田浩芳先生的关照，表示深深的感谢！

弓场隆